ABHANDLUNGEN DER DEUTSCHEN AKADEMIE DER WISSENSCHAFTEN ZU BERLIN

Klasse für Chemie, Geologie und Biologie

Jahrgang 1957 Nr. 1

KARL LORENZ

ABWASSERPROBLEME DER BRAUNKOHLENCHEMIE

AKADEMIE-VERLAG · BERLIN

1957

Vorgelegt von Hrn. Noack in der Gesamtsitzung vom 24. Januar 1957
Zum Druck genehmigt am gleichen Tage, ausgegeben am 23. August 1957

Erschienen im Akademie-Verlag GmbH., Berlin W 8, Mohrenstraße 39
Lizenz-Nr. 202 · 100/153/57
Satz, Druck und Bindung: IV/2/14 - VEB Werkdruck Gräfenhainichen - 723
Bestell- und Verlagsnummer: 2001/57/II/1
Preis: DM 5,60
Printed in Germany

Abwasserprobleme der Braunkohlenchemie

Der Aufforderung, vor diesem hohen Hause über Abwasserfragen und Abwasseraufbereitung zu sprechen, bin ich gern nachgekommen. Ich bitte aber um Nachsicht, wenn ich vom Standpunkt und Blickfeld des Praktikers vielleicht manche Probleme und Fragenkomplexe anders sehe, als wie sie bisher dargestellt wurden bzw. bekannt sind.

Ich möchte vorausschicken, daß ich im Kombinat „Otto Grotewohl" in Böhlen schon viele Jahre als verantwortlicher Techniker in der Abwasserwirtschaft tätig bin und die Entwicklung auf diesem Gebiet nicht wie man so schön sagt, vom grünen Tisch aus, sondern in der Praxis miterlebt habe und verfolgen konnte.

Meine Tätigkeit auf dem Abwassergebiet begann schon 1935 in den Wasserlaboratorien der Muldenwasser-Genossenschaft. In den Jahren 1937/38 erfuhr ich eine Spezialausbildung in den größten Chemiebetrieben unserer Republik, in den Leuna-Werken Merseburg und Buna-Werken Schkopau und hatte dort Gelegenheit, die Abwasserprobleme gründlich zu studieren. Ich kam dann zur Brabag nach Böhlen, wo, und das kann ich mit Recht sagen, trotz anfänglicher Schwierigkeiten, eine vorbildliche Abwasserwirtschaft bestand und betrieben wurde, wie man sie fast in allen I.G.-Betrieben vorfand.

Mit Stolz konnten wir damals auf gutachtliche Berichte der Reichsanstalt für Wasser-, Boden- und Lufthygiene Berlin-Dahlem über Wasser- und Abwasserkontrollen zurückgreifen und verweisen, die den guten Stand der Abwasseraufbereitung der Brabag Böhlen dokumentierten. Je einmal im Monat kamen vom Berliner Institut die auf dem Abwassergebiet bekannten Wissenschaftler wie Prof. Dr. Meinck als Chemiker, Prof. Dr. Tiegs als Biologe und Prof. Dr. Beeger als Hygieniker nach Böhlen und führten chemisch-biologische und bakteriologische Abwasseruntersuchungen durch. Auf Grund dieser Abwasseruntersuchungen, die öfters auch die Abwasserausläufe anderer Werke, wie der Schwelereien Rositz, Regis-Breitingen, Deutzen, Espenhain und die häuslichen Abwässer der Stadt Leipzig an der Kläranlage im Rosenthal umfaßten sowie von Flußbefahrungen die in Gößnitz an der Pleiße begannen und unterhalb Leipzig nach Einlauf der Pleiße in die Elster endeten, bekamen wir ein genaues, umfassendes Bild und, was der eigentliche Grund dieser Kontrollen war, einen gutachtlichen Bericht von einer Expertenkommission über die bestehenden Wasser- und Abwasserverhältnisse in unserem Gebiet. Wir kannten hierdurch genau den Grad der Verschmutzung der Werksabwässer der verschiedenen Schwelereien und der gemeindlichen Abwässer sowie den Einfluß und die Auswirkungen dieser Abwässer auf die Pleiße-Wasserbeschaffenheit.

Diese kostspieligen Kontrollen durch die frühere Reichsanstalt wurden auf Wunsch unserer damaligen HV durchgeführt. Bemerkenswert ist, daß von den behördlichen Stellen dafür keine Auflagen bestanden. Die ständigen Kontrollen befleißigten uns jedoch, den Stand der Abwasserreinigungsanlagen laufend zu verbessern und Beanstandungen schnellstens zu beheben. Infolge der Kriegseinwirkungen, von denen auch unsere Abwasseranlagen nicht verschont blieben, wurden diese Kontrollen 1944 eingestellt und nach dem Umbruch bedauerlicherweise nicht wieder fortgeführt, weil auch heute noch hierfür das entsprechende Institut in der DDR fehlt.

Bereits 1943 zeichneten sich in den Großschwelereien Espenhain und auch in Böhlen viele Schwierigkeiten in der Schwelwasserentphenolung und -nachreinigung ab, die aber infolge der Kriegswirren nicht mehr genügend Beachtung fanden, da man andere Sorgen hatte. Von einem Phenolwasserproblem konnte man jedoch in der damaligen Zeit in Mitteldeutschland noch nicht sprechen, da vieles Neue mit wechselndem Erfolg noch in Fluß war und andererseits die erst 1943 eintretende Verschlechterung der Pleißewasserbeschaffenheit durch die Einleitung ungenügend gereinigter Schwelwässer hauptsächlich in der Unregelmäßigkeit und Störungsanfälligkeit der Betriebe durch Fliegeralarme und Bombeneinwirkungen gesehen wurde.

Die Ursache der ungenügenden Abwasserreinigung lag aber in Wirklichkeit daran, daß trotz Errichtung von Entphenolungsanlagen und biologischen Nachreinigungsanlagen — in Böhlen waren für Hydrierwässer eine Trikresylphosphatanlage, für die Schwelwässer eine Koppers-Entphenolungsanlage und zur Nachreinigung der Dünnwässer eine Biologische-Anlage, die nach dem Magdeburger P-Verfahren von Nolte arbeitete, in Betrieb — die Kenntnis von der genauen chemischen Zusammensetzung der Schwelwässer fehlte und sich deshalb die Verfahrenstechnik der Schwelwasserreinigung fast ausschließlich auf die Gewinnung und Entfernung der wertvollen wasserdampfflüchtigen Phenole beschränkte. Darauf war auch die analytische Untersuchungsmethodik abgestimmt, während z. B. die toxischen Einflüsse der verschiedenen mehrwertigen Phenole auf die Biologie, d. h. auf pflanzliche Organismen sowie die Bakterientätigkeit und die Lebensfähigkeit von Mikroorganismen völlig unbekannt waren. M. E. sind diese Einflüsse auch heute noch zu wenig erforscht, ganz zu schweigen von den Trägern der üblen Gerüche, den Schaumbildnern und den Ursachen der starken Verfärbung des gereinigten Abwassers.

Phenolwasserprobleme gab es damals in Deutschland — abgesehen von Brüx — im wesentlichen nur im Ruhrgebiet, wo die Kokereiabwässer im rheinisch-westfälischen Industriegebiet namentlich die Ruhr und die Emscher zu Abwasserkanälen werden ließen. Dieses kurz zur Erläuterung der Situation bis 1945.

In neuerer Zeit trugen die intensiven Leistungssteigerungen, die in den Jahren nach 1945 bei uns in allen Werken zu verzeichnen waren, und der Umstand, daß durch die Kriegseinwirkungen manche Reinigungsanlagen in unseren Werken zerstört worden waren, viel zu den unhaltbaren Zuständen bei, so daß wir heute vor den größten Abwasserproblemen aller Zeiten stehen, während in Westdeutschland die Phenolbelastung der Ruhr und der Emscher durch weitere Rückgewinnungsanlagen vermindert wurde.

Ich hatte Gelegenheit vor zwei Monaten in Düsseldorf, anläßlich einer Tagung der ATV, an Besichtigungen von drei Entphenolungsanlagen im Emscher-Gebiet teilzunehmen. Ich konnte feststellen, daß die Abwasserprobleme unserer Kohleveredlungsbetriebe mit denen Westdeutschlands *in keiner Weise vergleichbar sind* und daß es heute in Westdeutschland kein Phenolwasserproblem mehr gibt. Dafür ein Beispiel:

Die Entphenolungsanlagen aller im Emscher-, Ruhr- und Lippe-Gebiet liegenden Kokereien — bekanntlich gibt es dort sehr viele und große Kokereien — werden von der Emscher-Genossenschaft betrieben. Die Emscher-Genossenschaft ist ein Wasserverband ähnlich unseren früheren Wasserverbänden wie WEV und MuWa. Er scheint jedoch größere Vollmachten zu besitzen und betreibt verantwortlich die Entphenolungsanlagen in den Kokereien und übt somit auch einen größeren und unmittelbaren Einfluß auf diese Industriebetriebe aus. Zur Zeit betreibt die Emscher-Genossenschaft 26 Entphenolungsanlagen, die alle nach dem Pott-Hilgenstock-Verfahren mit Benzol, einem werkseigenen Entphenolungs- und Lösungsmittels dieser Kokereibetriebe arbeiten.

Benzolverfahren

Bei der Anwendung eines Lösungsmittels für die Entphenolung ist die Höhe seines Verteilungskoeffizienten gegenüber wäßrigen Phenollösungen wichtig. Er beträgt für Benzol gegen 2%ige Karbolsäurelösung nur 2,2. Wegen diesen geringen Verteilungskoeffizienten ist eine große Benzolmenge zur Entphenolung notwendig, daher ist eine destillative Trennung unwirtschaftlich.

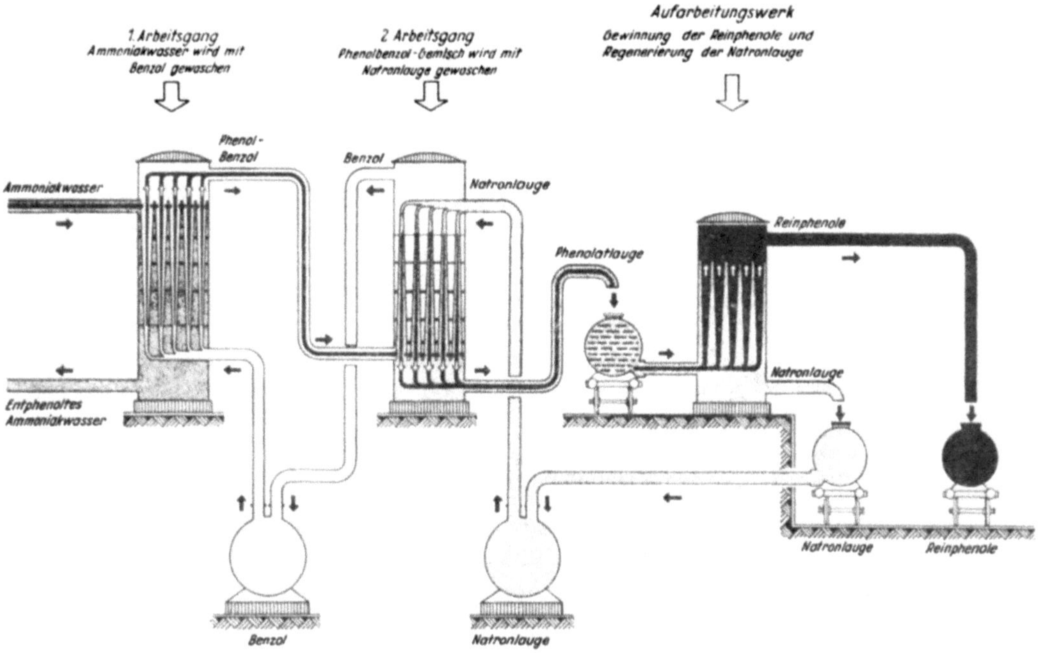

Abb. 1. Schema des Benzolverfahrens

Das Ammoniakwasser der Kokerei wird im ersten Arbeitsgang in einem Waschturm im Gegenstrom mit Benzol gewaschen, wobei die Phenole in das Benzol übergehen (Waschtürme mit Raschigringen, Tüllenböden, Rührwerkswascher). Eine Nachreinigung des entphenolten Kokereiabwassers bis auf die Abtreibung und Gewinnung des Ammoniak und des im Dünnwasser verbliebenen Benzols ist nicht notwendig, da das gereinigte Kokereiabwasser, im Gegensatz zu unseren Schweldünnwässern, nur sehr wenige andere schädliche Begleitstoffe enthält.

Das phenolbeladene Benzol gibt im zweiten Arbeitsgang die Phenole an Natronlauge ab, wobei sich Natriumphenolat bildet. Das vom Phenol befreite Benzol geht in den ersten Arbeitsgang zurück und bleibt immer im Umlauf. Die Phenolatlauge wird im dritten Arbeitsgang auf Reinware aufgearbeitet. Die Lauge regeneriert und dem Betrieb zurückgegeben.

Die Vorteile des Benzolverfahrens bestehen in der Gewinnung von neutralölfreien Reinprodukten, weil sich die Neutralöle durch Klardampfen aus der Phenolatlauge entfernen lassen. Der Nachteil des Benzolverfahrens besteht darin, daß Benzol für uns

1. ein werksfremdes, teures Lösungsmittel ist.
2. Hohe Verluste können nur bei gleichzeitigem NH_3-Abtrieb vermindert werden.
3. Ein fehlendes Lösungsvermögen gegenüber höheren Phenolen hat.

Aus diesen Gründen ist das Benzolverfahren über den Kreis der Kokereien nicht wesentlich hinausgedrungen. Eine im Jahre 1955 in der Kokerei Carolinenglück in Bochum erstellte Anlage arbeitet nach Angabe des Betriebsleiters seit Oktober 1955 ohne Benzolverlust. Der Durchsatz beträgt 500 m^3 Wasser pro Tag, der Entphenolungswascheffekt beträgt 91% bei einem Phenolgehalt von 2 g/l im Rohwasser. Der Phenolgehalt eines Phenosolvan-Dünnwassers liegt um eine Zehnerpotenz tiefer.

Etwas zur Phenolgewinnung dieser Anlagen

Die in den 26 Entphenolungsanlagen anfallende Phenolatlauge wird an die Gesellschaft für Teerverarbeitung in Duisburg-Meiderich verschickt und dort zentral aufgearbeitet. Zu diesen Anlagen gehört eine Kaustifizierungs- und Kalkrückbrennungsanlage, die nicht unerhebliche Kosten verursacht. Trotzdem deckt der Verkauf der gewonnenen Phenole einen guten Teil der Kosten für Bau und Betrieb dieser Entphenolungsanlagen. Die von der Emscher-Genossenschaft betriebenen Anlagen lieferten 1955 fast 30% der westdeutschen Erzeugung an Karbolsäure und Kresolen der Steinkohlenveredlung. Die Gesellschaft und die Verkaufsvereinigung ist mitbestimmend für das Preisgefüge von Reinphenol und Reinkresolen und hat auch Einfluß auf die Erzeugungshöhe von synthetischen Phenol. Die gewonnenen Abwasserphenole aus 26 Kokereibetrieben betragen *aber nur 90% der Phenole,* die wir allein im Kombinat Böhlen aus unseren Abwässern gewinnen, so daß dieser Mengenvergleich sehr deutlich zeigt, daß die Phenolwasserreinigung bei uns *ganz andere Ausmaße* haben muß wie in Westdeutschland.

Die Einstellung der westdeutschen Industrie zu den Abwasserfragen und zur Abwasserreinigung ist positiv, obgleich allgemein die Ansicht vertreten wird, die Abwasseraufbereitung nur soweit zu treiben, wie die Vorfluter nicht selbst in der Lage sind dieselbe zu übernehmen. Das hängt jeweils von der natürlich biologischen Selbstreinigungskraft und von der Größe eines Vorfluters ab. Übertriebene Forderungen der Wasserwirtschaft werden abgelehnt. Das ist m. E. auch für uns beachtenswert und wichtig, da ich oftmals den Eindruck habe, daß auch von unserer Wasserwirtschaft — besonders beim Bau unserer großen Kombinate, wie Lauchhammer und Schwarze Pumpe — übertriebene Forderungen gestellt wurden bzw. werden, die sich bisher für die Lösung des Problems eher hemmend als fördernd ausgewirkt haben.

Die Gründe für diese hohen Forderungen unserer Wasserwirtschaft sind hinreichend bekannt und können hinsichtlich des restlosen Phenolentzuges der Abwässer von uns nur unterstützt werden. Jedoch glaube ich, daß wir uns über die zulässige Höhe des BSB 5 eines Abwassers mit der Wasserwirtschaft noch eingehend auseinandersetzen müssen, da wir uns sonst mit unseren Abwasserprojekten noch mehr als bisher festfahren, wenn die höchstzulässige Grenze für den BSB 5 eines Abwassers bei 12 mg/l bestehen bleibt. Die 12 mg/l-Grenze betrachtet die Wasserwirtschaft zur Zeit als unantastbare Forderung. Um in dieser Frage nicht mißverstanden zu werden, halte ich es für notwendig, den Begriff und die Bedeutung des BSB 5 einmal kurz zu skizzieren. Während man früher fast ausschließlich aus dem $KMnO_4$-Verbrauch auf den Grad der organischen Verschmutzung eines Abwassers schloß, haben unsere Untersuchungen gezeigt, daß es viele Stoffe gibt, die nicht auf den $KMnO_4$-Verbrauch ansprechen. Wenn man auch die $KMnO_4$-Verbrauchszahl heute immer noch anwendet — da sie innerhalb kurzer Zeit bestimmt werden kann und vergleichbare Werte angibt — so wird doch zur Beurteilung eines Abwassers auf seine Reinigungsmöglichkeiten und des Einflusses eines Abwassers auf den Vorfluter, heute vielfach der biochemische O_2 angewandt. Unter dem BSB versteht man die O_2-Menge in mg/l die nötig ist, um die organischen Stoffe des Abwassers mit Hilfe von Bakterien innerhalb einer bestimmten Zeit abzubauen. Heute bestimmt man allgemein den 5tägigen BSB. Mein Mitarbeiter Meißner hat bei einer Anzahl von in Phenolwässern vorkommenden chemischen Stoffen den $KMnO_4$-Verbrauch und den BSB 5 bestimmt. Die wichtigsten Werte sind in Tabelle 1 zusammengestellt.

Von allen organischen Stoffen haben die Phenole den spezifisch höchsten $KMnO_4$-Verbrauch und auch den höchsten BSB 5, während Fettsäuren eine fast unbedeutende Permanganat-Verbrauchszahl aufweisen. Auf Grund von Erfahrungswerten können wir bereits aus der Höhe des Permanganat-Verbrauchs eines Phenolwassers auf den Gesamtphenolgehalt schließen.

Tabelle 1. Vergleich des Kaliumpermanganatverbrauches mit dem biochemischen Sauerstoffbedarf (BSB) — (Zahlenwerte nach Meißner)

Gruppe	Substanz	$KMnO_4$-Verbr. mg/g Substanz	BSB 5 mg/g Substanz
Anorganische Verbindungen	Ammoniak	0	0
	Schwefelwasserstoff	7430	1874
	Thioschwefelsäure	2200	70
Phenole	Phenol	9290	1780
	o-Kresol	6765	1640
	m-Kresol	6730	1700
	p-Kresol	6770	—
	Xylenol 1 : 3 : 5	5112	824
	Brenzkatechin	6510	689
	Recorcin	6700	1150
	Hydrochinon	6575	468
	Pyrogallol	4934	16
	Guajacol	3900	1400
Aldehyde	Formaldehyd	3984	640
Alkohole	Methylalkohol	79	900
Ester	Butylazetat	98	151
Cycl. N-Verbindungen	Pyridin	24	1150
	Anilin	8480	1490
	Xylidin	5182	0
organische Säuren	Ameisensäure	122	152
	Essigsäure	5	586
	Propionsäure	14	837
	Buttersäure	12	891
	Valeriansäure	4	1059
Kohlenwasserstoffe	Benzin	4	0
	Benzol	32	0

Beobachtungen, die wir am Flußlauf der Pleiße machten, ergaben, daß z. B. Abwässer, die 10 mg/l mehrwertige Phenole enthielten, dem Flußwasser viel größeren Schaden zufügten — es trat eine schnelle Sauerstoffabnahme und tiefe Verfärbung des Wassers ein — als Abwässer, welche den gleichen Gehalt, also 10 mg/l organische Säuren aufwiesen, obgleich beide Abwässer denselben BSB 5 hatten.

Ich bin deshalb der Meinung, daß man andere Maßstäbe anlegen und höhere BSB-Meßwerte zulassen sollte, wenn der BSB 5 *nur dem Vorhandensein niedriger organischer Säuren* zuzuschreiben ist, wie es z. B. einmal bei den Abwässern der Schwarzen Pumpe der Fall sein wird. Vorausgesetzt, daß diese Abwässer *restlos entphenoliert* sind, wird m. E. nach ein nur durch Fettsäuren verursachter über 12 mg/l liegender BSB 5-Gehalt dieser Abwässer die Flora und Fauna, d. h., die Mikroorganismen und den Sauerstoffhaushalt des Flußwassers nicht gefährden. Trotzdem ist eine laufende Bestimmung und Beobachtung der biologischen Sauerstoffzehrung im Flußlauf notwendig, weil durch die Einwirkung fettsaurer Abwässer eine ununterbrochene O_2-Zehrung stattfindet, die den O_2-Haushalt des Wassers beeinflußt. Ein Absinken des O_2-Gehaltes im Flußwasser auf unter 6 mg/l ist zu vermeiden. Nach diesem Richtwert müßte sich die Abwasserbelastung richten.

Ich halte es deshalb aus ökonomischen Gründen nicht für richtig, wenn die Wasserwirtschaft bei ihrer alten Forderung, für jede Abwassereinleitung höchstens 12 mg/l BSB 5 zuzulassen, weiterhin verbleibt, an Stelle über die zulässige Höhe dieses Meßwertes, je nach den Gegebenheiten, von Fall zu Fall zu entscheiden.

Wir wissen, daß zur Feststellung der wirklichen Belastung und der Gesamtverschmutzung eines Vorfluters durch Abwässer nicht nur allein der BSB 5 genügt, sondern auch noch andere Bestimmungen herangezogen werden müssen, wie Sauerstoffgehalt und Sauerstoffzehrung, Permanganatverbrauch, p_H-Wert und biologische Untersuchungen. In diesem Zusammenhang möchte ich auf den schädlichen Einfluß sulfitlaugehaltiger Abwässer der Zellstoffindustrie hinweisen, deren Auswirkung mitunter erst 20—40 km unterhalb der Einlaufstelle durch das massenweise Auftreten von Sphaerotilus sichtbar wird. Im übrigen müssen alle wasserwirtschaftlichen Forderungen auf technisch erreichbare Werte von Reinigungsanlagen und Reinigungsverfahren abgestimmt sein, deren Brauchbarkeit erwiesen ist.

Die Industrie bekennt sich ohne weiteres zu den allgemeinen Pflichten aller Wassernutzer: der sparsamen Verwendung des Wassers, nach Möglichkeit im Rücknahme- und Kreislaufverfahren, der Abwasseraufbereitung in allen den Fällen, in denen der Vorfluter die Aufbereitung nicht selbst übernehmen kann und wirtschaftlich zu verantwortende und einen signifikanten Erfolg im Vorfluter bringende Verfahren zur Verfügung stehen.

Wir sträuben uns jedoch kategorisch dagegen, Millionen DM für Anlagen und Verfahren auszugeben, von deren Wirksamkeit und Notwendigkeit wir nicht überzeugt sind und dies mit Recht, weil bei allen Reinigungsverfahren und Reinigungsvorhaben eben auch ökonomische Gesichtspunkte in Betracht gezogen werden müssen, um so mehr, da die vollständige Reinigung der Phenolwässer eine starke finanzielle Belastung nicht nur bezüglich der Anlagekosten, sondern auch im Hinblick auf die Betriebskosten darstellt.

Ich habe durch beratende Mitwirkung bei Investitionen viel Gelegenheit, in große Abwasserreinigungsprojekte Einblick zu nehmen und es scheint fast, daß heute, ich möchte sagen infolge der übertriebenen Forderungen der Wasserwirtschaft, bei unseren Projektierungsbüros höchste Millionenbeträge für Abwasserprojekte überhaupt keine Rolle mehr spielen.

Wenn ich z. B. an die Investkosten und laufenden Betriebskosten für die geplante biologische Reinigung der Abwässer der Schwarzen Pumpe denke, so habe ich das fatale Gefühl, daß hier etwas nicht in Ordnung ist. Das hier etwas nicht in Ordnung sein kann, zeigt ein treffendes Beispiel aus unserer jüngsten Zeit, d. h. Lauchhammer. Gestatten sie mir, daß ich kurz darauf eingehe:

Auf Grund der sehr hohen Forderungen der Wasserwirtschaft für die Kokerei Lauchhammer, erreichte man in der Abwasserreinigung von Lauchhammer *das Gegenteil* von dem was man eigentlich wollte. Aus Scheu Gelder für Anlagen zu investieren deren Brauchbarkeit noch nicht erwiesen ist, vielleicht aber auch aus Angst vor der Nichteinhaltung der von der Wasserwirtschaft gestellten Forderungen in bezug auf den hohen Reinheitsgrad — insbesondere bei der Entfernung der organischen Säuren aus den Kokerei-Abwässern — wurde bis heute für die Restentphenolung und für die Nachreinigung der Kokereiabwässer nur sehr wenig getan. Obgleich bei der Projektierung hierfür einige Millionen DM zur Verfügung standen.

Diese Tatsache unterstreicht die Bedenken, die gegenwärtig noch gegen zu große biologische Nachreinigungsanlagen bestehen. Andererseits wissen wir aber auch, daß man mit *einer* Reinigungsanlage, wie sie zur Zeit in Lauchhammer als Phenosolvananlage betrieben wird, natürlich noch kein vorfluterreines Abwasser erzielen kann, das weder die Industrie noch die Wasserwirtschaft befriedigt, und doch hätte man bei etwas mehr Initiative in Lauchhammer z. B. die Frage der Restentphenolung der Kokereiabwässer mit Koksstaub praktisch schon lange einer Lösung zuführen können.

Das Institut von Prof. Dierichs in Freiberg hatte schon vor 2 Jahren die Brauchbarkeit des Koksstaubes von Lauchhammer festgestellt.

Nachdem also die gute Entphenolungswirkung des Koksstaubes erkannt und 50 t täglich zur Verfügung stehen — nach Dr. Gräfe, Lauchhammer ist diese Menge ausreichend für eine Adsorptivbehandlung des Dünnwassers — ist es mir unerklärlich, warum dieses Verfahren nicht schon lange in Lauchhammer angewendet wird, wo doch in Böhlen, Zeitz und Leuna mit aktiven Stäuben so gute Erfahrungen gemacht wurden.

Die Einschaltung einer Adsorptionsstufe mit Koksstaub vor die biologische Anlage erscheint in Lauchhammer zweckmäßig, und bringt eine Einsparung von 40% der ursprünglich vorgesehenen Gesamtkapazität der Bio-Anlage.

Es scheint überhaupt die Tragik fast unserer gesamten bisherigen Abwasserprojekte zu sein, daß sie stets nur halb verwirklicht wurden. Die daraus entstehenden Schäden können unter Umständen sehr groß sein, jedoch sind die für die Projektierung sich daraus ergebenden Folgen eigentlich noch furchtbarer, weil der Generalprojektant zuletzt überhaupt nicht mehr weiß was er tun soll. Die Wasserwirtschaft stellte auf Grund der unbefriedigten Ergebnisse von Lauchhammer noch schärfere Bedingungen für das Projekt „Schwarze Pumpe“, so daß die Nachreinigungsanlagen für diese Vorhaben demzufolge noch umfangreicher und größer sind und noch mehr Millionen verschlingen. Zur Zeit liegen die geplanten Investkosten für die biologischen Nachreinigungsanlagen der Schwarzen Pumpe bei 25 Millionen DM; die laufenden Betriebskosten sollen jährlich 5,1 Millionen DM betragen.

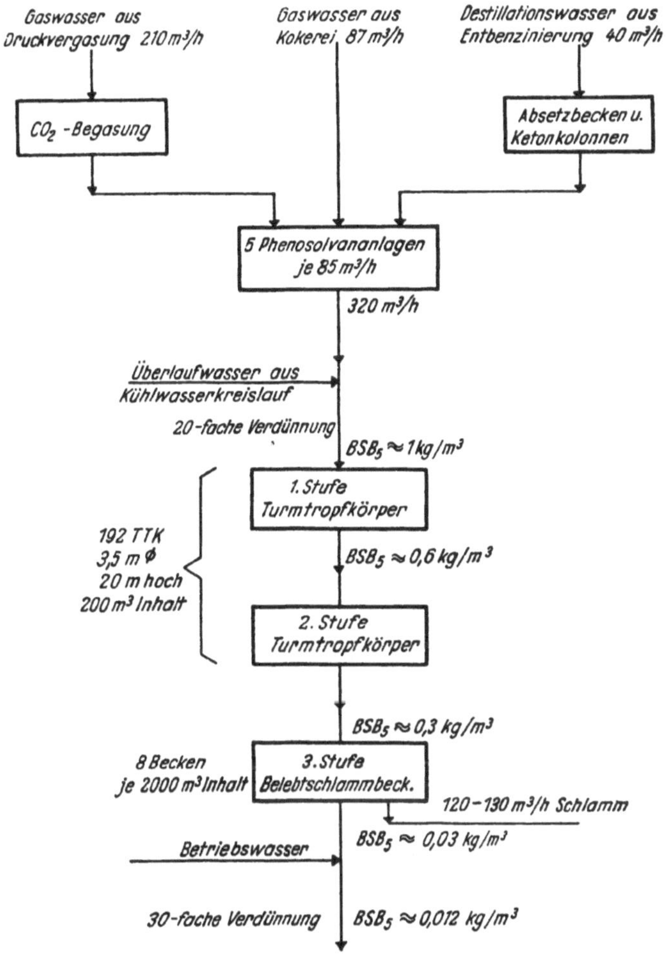

Abb. 2. Schema der Abwasserreinigung „Schwarze Pumpe“

Die vorgesehene Abwasserreinigung der Schwarzen Pumpe ist in Abb. 2 schematisch dargestellt. Die Phenolwässer werden in 5 Phenosolvaneinheiten entphenoliert. Die Dünnwassermenge beträgt dann 320 m³/h, die biologisch aufgearbeitet werden muß, da diese Wässer etwa 15 g/l Fettsäuren enthalten. Die Einschaltung einer Adsorptionsstufe mit Winklerstaub bzw. Koksstaub zur Restentphenolung fehlt zunächst auch hier.

Während bei chemischen, physikalischen oder mechanischen Reinigungsprozessen der Betrieb froh ist, wenn die Abwässer konzentriert und in kleineren Mengen anfallen, ist für die Biologie eine Verdünnung der Abwässer bis auf 1 kg BSB 5/m³ notwendig, anderenfalls das Verfahren nicht zufriedenstellend arbeitet. Das bedeutet aber, daß in der Schwarzen Pumpe stündlich 6000 m³ sauberes und sicher sehr teuer erkauftes Kühlwasser, sehr teuer deshalb weil die Enteisenung schon sehr kostspielig ist, als Verdünnungswasser den entphenolten Wässern zugesetzt werden muß, ehe überhaupt die erste biologische Behandlungsstufe mittels Turmtropfkörper beginnen kann. Das Wasser wird in zwei Stufen über insgesamt 192 Turmtropfkörper von 20 m Höhe und 3,5 m ⌀ gebracht. Die dann noch vorhandenen Restphenole und Fettsäuren werden in der dritten Stufe in künstlich belüfteten Belebtschlammbecken unter Zusatz von Nährsalzen von Bakterien abgebaut. Hierbei fallen etwa 120 m³ Schlamm stündlich an. Nach der dritten Stufe (Belebtschlammanlage nach klassischem Verfahren) müssen nochmals 10000 m³/h reinstes Wasser zur Verdünnung zugesetzt werden. Erst dann ist die 12 mg BSB 5/l-Grenze erreicht und das Wasser vorfluterreif. Die Menge des Verdünnungswassers entspricht dann ungefähr der mittleren Wasserführung der Pleiße in Leipzig mit 4,7 m³/s. Ein großer Teil dieser Wassermenge ist in der Biologie der Schwarzen Pumpe ständig umzupumpen. Der gesamte Reinigungswirkungsgrad beträgt etwa 96%. Die Turmtropfkörperanlage baut 70%, die Belebtschlammanlage den Rest der organischen Substanz ab.

Turmtropfverfahren

Ich glaube es ist notwendig, etwas über das Turmtropfkörperverfahren zu sagen, zumal ich über eigene Erfahrungen mit einem in Böhlen betriebenen Versuchsturmtropfkörper berichten kann.

Jedes biologische Reinigungsverfahren beruht auf dem Vorgang, daß sich unter bestimmten Bedingungen bei Zuführung von Luftsauerstoff im Wasser Mikroorganismen bilden, die bei der Beaufschlagung von Phenoldünnwässern organische Säuren und Phenole abbauen.

Abb. 3. Tropfkörper für Fäkalwässer

Wie beim bekannten, nicht ummauerten, niedrig gebauten Tropfkörper (Abb. 3) durchrieselt das Abwasser auch beim Turmtropfkörper einen aus losen Schlackensteinen (Korngröße 4—10 cm) bestehenden Körper, der in einer schornsteinartigen Ummauerung eingebaut ist (Abb. 4).

Bei der Verteilung des Wassers über die große Schlackenoberfläche und durch die Zugwirkung des oben und unten offenen Schornsteines kommt es zu einer innigen Berührung zwischen Wasser und Luft. Auf der Schlakkenoberfläche bilden sich die Mikroorganismen in Form einer Belebtschlammhaut aus. Das aus dem Turm abfließende Wasser führt ständig einen Teil des sich laufend erneuernden Belebtschlammes mit ab (Schlammgehalt des Wassers etwa 0,2—1,0 cm^3/l). Die Belebtschlammhaut auf der Schlacke wirkt als Schlamm und läßt das Wasser nur langsam durch den Turm laufen. Der Turm kann sowohl im einfachen Durchlauf, wie auch im Umlauf, betrieben werden.

Abb. 4. Böhlener Versuchs-Turmtropfkörper

Die in Böhlen mit einem Turmtropfkörper von 10 m Höhe, 1,6 m ⌀ und 20 m^3 Schlakkenfüllung durchgeführten Reinigungsversuche an Phenolwässern ergaben eine Abbauleistung von 1,1—2,0 kg BSB 5/m^3 Schlacke/Tag. Bei einer Raumbelastung von 10 m^3 Abwasser/m^3 Körper wird eine Abnahme des BSB 5 von 70% erreicht. Die Belebung des Schlammes im ganzen Körper ist sehr einheitlich, außer Bakterien — Zoogloen, Beggiatoaceen — sind nur vereinzelt Nematoden, Mastigophoren vorhanden.

Nachteilig erweisen sich Verstopfungen der Schlacke durch Schlamm, die Wasserstauungen und ein schnelles Nachlassen der an sich guten Abbauleistung zur Folge haben und bis zur Faulschlammbildung führen können. Beim Ausbau des Böhlener Versuchskörpers war der gesamte Schlackeninhalt mit Faulschlamm durchsetzt.

Hierin sehe ich die große Gefahr für die praktische Durchführung des Turmtropfkörperverfahrens für industrielle Abwässer, da öfters damit zu rechnen ist, daß ein Teil der Turmtropfkörpereinheiten außer Betrieb genommen werden muß.

Die wirtschaftliche Turmgröße ist vom WEV mit einem Inhalt von 200 m^3 (3,5 m ⌀ und 20 m Höhe) errechnet worden (Abb. 5). Die vom Institut für Wasserwirtschaft in Berlin geleiteten Forschungsarbeiten über die Anwendung von Turmtropfkörpern nach Schulz und Belebtschlammanlagen für die biologische Abwasserreinigung, haben zunächst in Ermangelung besserer Verfahren für die Nachwasserbehandlung unserer großen kohleveredelnden Werke soviel Bedeutung erlangt, daß biologische Anlagen bisher stets projektiert wurden, weil sie den Forderungen der Wasserwirtschaft entsprechen.

Leider wurden solche Anlagen in diesen Ausführungen und Dimensionen noch nie gebaut. Hierdurch fehlt uns der Beweis, daß damit tatsächlich der gewünschte Reinheitsgrad

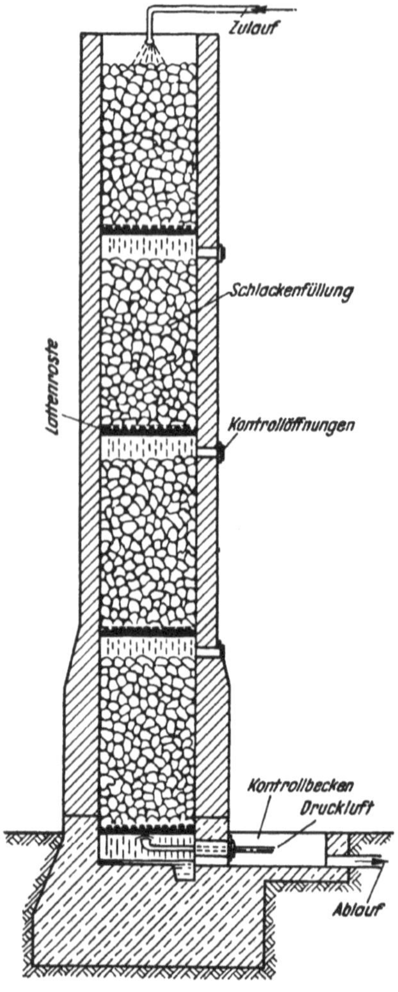

Abb. 5. Skizze des Turmtropfkörpers

der Abwässer erzielt wird und es erscheint unbedingt notwendig, den Teilausbau der Biologie in Lauchhammer und Espenhain zu beschleunigen, um endlich praktische Erfahrungen zu sammeln.

Herr Chemierat Meyer von der Wasserwirtschaft meint zwar, wir haben damit das Weltniveau erreicht. Ich glaube, um dieses Reinigungsvorhaben beneidet uns niemand in der Welt und bin der Ansicht, daß wir es in Lauchhammer versäumt haben, der technischen Lösung des Problems im Hinblick auf eine Verkleinerung der Biologie einen Schritt näherzukommen, nur, weil gute Forschungsergebnisse nicht in die Praxis überführt wurden.

Ich möchte nun ein Abwasserproblem berühren, von dem in der Öffentlichkeit in den letzten Jahren am meisten gesprochen wurde; es ist die Verunreinigung der Pleiße. Die Problemstellung im Pleißegebiet ist eine etwas andere als in der Lausitz und im Spree-Havel-Raum, weil das Pleißegebiet nicht zur unmittelbaren Trinkwasserversorgung herangezogen wird. Trotzdem haben sich aus der Verunreinigung des Pleißewassers sehr unangenehme Folgen für die Wasserversorgung der unterhalb liegenden Wassernutzer und Kraftwerke ergeben. Dann aber ist die Pleiße auch derjenige Wasserlauf in der DDR, der dichtbesiedelte Gegenden und Städte mit internationaler Bedeutung durchläuft, wie die Messestadt Leipzig mit ihrem Sportforum und Wassersportanlagen sowie das Gelände der Gartenbauausstellung Markkleeberg. Wie die Pleiße aussieht, brauche ich in Bildern nicht zu zeigen. Tiefe Verfärbung des

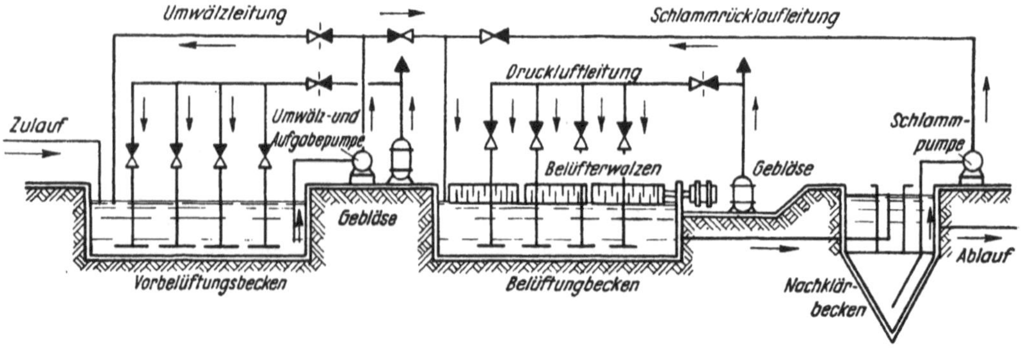

Abb. 6. Schema einer Belebtschlammanlage

Wassers, Schaum und unangenehmer Geruch nach Aminen, gibt der Pleiße und Elster ihr abschreckendes Gepräge und ist der Gegenstand heftigster Kritik. Aufschlußreich ist die Phenolkurve, sie gibt Auskunft über die Höhe des Phenolgehaltes in den Jahren 1939 bis 1954.

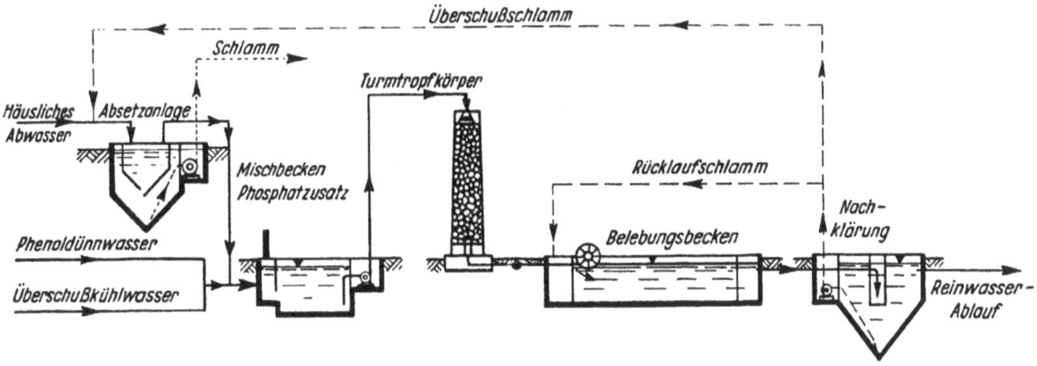

Abb. 7. Schema einer zweistufigen biologischen Reinigungsanlage

Die Verschmutzung der Pleiße mit Phenolen geht bis zum Jahre 1943 zurück. Es ist die Zeit, wo eine ganze Reihe von Industriewerken der Braunkohle — namentlich von Groß-

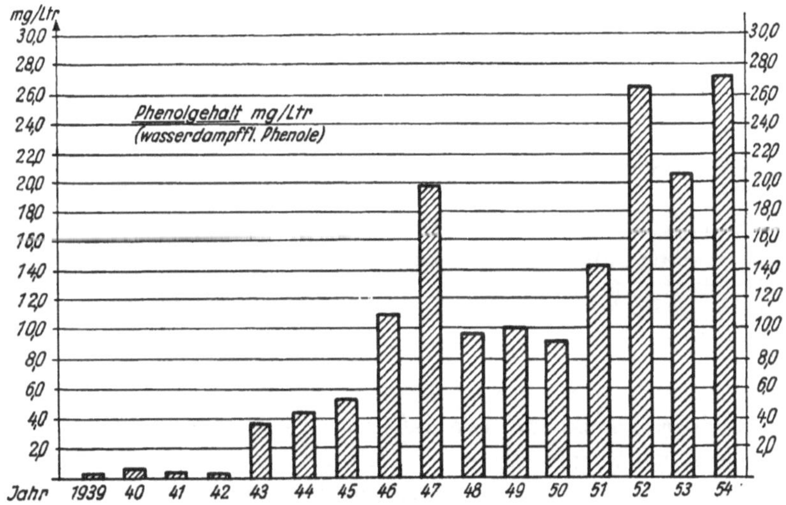

Abb. 8. Phenolgehalt der Pleiße

schwelereien — rohstoffgebunden im Raume Borna in Betrieb kamen. Wir müssen feststellen, daß nach 1945 die Phenolverschmutzungskurve stark anstieg und sich in den letzten Jahren kaum geändert hat. Der starke Phenolgehalt ist im wesentlichen auf die Abführung von Schwelrohwässern aus Espenhain infolge Fehlens an Kapazität in der dortigen Koppers-Entphenolungsanlage zurückzuführen. Es ist keineswegs meine Absicht, die beiden Werke Espenhain und Böhlen gegeneinander auszuspielen, dazu ist das Problem zu ernst. Trotzdem sehe ich das Pleißeproblem heute nicht mehr so hoffnungslos an wie etwa vor 3 Jahren, als ich anläßlich des Symposiums der Chemischen Gesellschaft in Leipzig über ähnliche Fragen sprach. Schon nach Errichtung einer Phenosolvan-Anlage in Espenhain, die hoffentlich noch im Laufe des Jahres 1958 in Betrieb kommt, und deren verzögerte Inbetriebnahme wieder einmal zeigt, wie schwerfällig zur Zeit alles läuft, wird eine sichtbare Verbesserung der Pleiße-Wasserbeschaffenheit eintreten. Um so mehr als die guten Ergebnisse mit der neuen Phenosolvan-Anlage in Lauchhammer zu der Hoffnung berechtigen, daß es in Espenhain gelingen wird, mit einer solchen Anlage die einwertigen Phenole aus den Schwelwässern bis auf wenige Milligramm zu extrahieren. Die Nachreinigung der Phenosolvan-Dünnwässer erfolgt dann in Espenhain in einer nachgeschalteten Bio-Anlage. Aber auch in Espenhain wird zunächst nur ein Teilausbau der biologischen Anlage mit 40% des Endausbaues durchgeführt, um noch Möglichkeiten durch Vorschalten solcher Verfahren, wie Asche-Luft-Behandlung, offen zu halten mit dem Ziel, den Endausbau der biologischen Anlagen zu verringern.

Die gegenwärtigen Verhältnisse an der Pleiße zeigt Tabelle 2.

Tabelle 2. Fluß- und Abwasseruntersuchungen

Probenahme am 17. 10. 1955	Pleiße oberh. Espenhain	Langer Born Espenhain	Pleiße unterh. Espenhain	Faule Pfütze Böhlen	Pleiße unterh. Böhlen
Farbe	fast farblos	tief rotbraun	rotbraun	milchig gelblich	rotbraun
Wasserführung m^3/sec.	3,7	—	1,9	—	3,4
Abwasser m^3/h	—	2900	—	5000	—
Verdünnungsverhältnis:					
Pleißewasser zu Abwasser	—	—	1 : 0,7	—	1 : 2
$KMnO_4$-Verbrauch mg/l	44	3000	901	278	588
Phenole, einwertig mg/l	0,16	92	38	3,2	23
Phenole, gesamt mg/l	—	348	136	31	99
fl. Fettsäuren mg/l	—	206	66	35	48
BSB 5 mg/l	15	588	223	74	155
$KMnO_4$-Verbrauch t/24h	14,1	208,8	—	33,4	172,7
Phenole, einwertig t/24h	0,05	6,4	6,38	0,4	6,8
Phenole, gesamt t/24h	—	24,2	22,85	3,7	29,2
fl. Fettsäuren t/24h	—	14,3	10,8	4,2	14,1
BSB 5 t/24 h	4,8	40,9	36,6	8,9	45,5

Die Zahlen sind ungeschminkt und übertreffen noch bei weitem die Angaben des Kollegen Schulz von der Wasserwirtschaft, die er vor Jahren machte und wo er die tägliche Menge an flüchtigen Phenolen mit 3,5 t angab, während heute allein vom Kombinat Espenhain täglich 6,4 t flüchtige Phenole und 24,2 t Gesamtphenole mit den Abwässern in die Pleiße gelangen. Die tägliche Belastung der Pleiße entspricht nahezu 46 t BSB 5 und etwa 173 t Permanganat-Verbrauch.

Die Untersuchungen sind auch insofern aufschlußreich, als sie Betrachtungen zulassen, was in der Abwasserreinigung der beiden Werke vordringlich zu tun ist. Böhlen ist hierbei in der glücklichen Lage, einen ausgesprochen aktiven Winklerstaub — den sog. Multiklonstaub — für die Nachreinigung der Phenolwässer zu besitzen und einsetzen zu können. Trotz eines verhältnismäßig geringen Anfalles an diesem adsorptiv wirkenden Staub, ist es im Laufe der Zeit gelungen, durch Gegenstromführung in zwei Waschstufen täglich etwa 13 t größtenteils mehrwertige Schwelwasserphenole an den Staub zu binden.

Vergleicht man die Inhaltsstoffe der sauberen Pleiße oberhalb Espenhains mit denen der verunreinigten Pleiße unterhalb Böhlens, wo das Flußwasser etwa zu zwei Drittel aus Werksabwässern besteht, so wird uns in aller Deutlichkeit gezeigt, wie weit wir überhaupt noch von den geforderten Reinheitsgraden entfernt sind.

Die Einhaltung der 0,1 mg/l Phenolgrenze im Pleißewasser unterhalb Böhlens erfordert eine 100%ige Entphenolung der Schwelwässer. Selbst bei hoher Verdünnung unserer Werksabwässer, z. B. bei Hochwasser der Pleiße, kann der zulässige Phenolgehalt niemals erreicht werden. Bei dem gegenwärtigen Verschmutzungszustand durch Espenhainer Abwässer ist die Wasserführung des Rheins vor Eintritt in die Nordsee mit 2000 m^3/s notwendig, um diese Forderung zu erfüllen. Für den gesamten Phenolstarkwasseranfall der Kombinate Böhlen und Espenhein würde auch das Verdünnungswasser des Rheins nicht mehr ausreichen; wir brauchten hierzu das Wasser der Wolga, des größten und wasserreichsten Stromes Europas.

Ich habe dieses Beispiel gewählt, weil es heute modern ist, von großen Zahlen und in großen Dimensionen zu sprechen. Bei dieser Betrachtung habe ich absichtlich die Kräfte außer Acht gelassen, die den Abbau der Schmutzstoffe bewirken und die bei einem gesunden Vorfluter natürlich viel größer sind, als bei einem stark belasteten Vorfluter. Aber selbst bei der im höchsten Grad durch Phenole vergifteten Pleiße, die bereits nach Einlauf der Espenhainer Abwässer ein biologisch toter Fluß ist, können wir noch einen Abbau bzw. eine Abnahme der flüchtigen Fettsäuren im Flußwasser feststellen, während die Phenole fast unverändert bleiben.

Diese Tatsache ermutigt mich, dafür zu plädieren, den biologischen Abbau der Fettsäuren nicht in den Werken selbst vorzunehmen, sondern ihn außerhalb der Werke durch Einschaltung von Stauseen bzw. Staubecken in den belasteten Flußlauf zu verlegen. Eventuell sind hierfür ausgekohlte Tagebaue geeignet. Solche Maßnahmen setzen aber voraus, daß die Abwässer, ehe sie in die Vorfluter eingeleitet werden, mindestens auf 0,2 mg/l entphenolt sind. Meines Erachtens sollte man deshalb schon beim Aufschluß neuer Tagebaue — aber auch bei den bestehenden Tagebaubetrieben — diesen Gedankengängen Beachtung schenken und ich kann nur sagen, daß wir in Böhlen unsere Abwasserwirtschaft in der Perspektive auf solche Maßnahmen ausrichten und ich glaube auch mit Erfolg durchführen und durchsetzen werden.

Unterhalb Böhlens werden drei Wasserspeicher aus Tagebaulöchern entstehen, die neben dem Hochwasserschutz und der Reservehaltung für Brauchwasser auch eine landschaftliche Bereicherung darstellen. Wie nützlich und wertvoll solche Staubecken sind, lehrt der Betrieb des Röthaer Stausees, welcher u. a. der Reinigung des verschmutzten Pleißewassers dient.

Wie aus Tabelle 2 zu erkennen ist, entspricht noch nicht einmal die saubere Pleiße oberhalb der Kombinate den Wünschen der Wasserwirtschaft. Das ankommende Pleißewasser hat einen BSB 5 von 15 mg/l an Stelle der in Flußwässern geforderten 5 mg/l.

Das ständige Wachstum unserer Industrie im Mitteldeutschen Wirtschaftsraum stellt aber auch gewaltige Anforderungen an die Brauchwasserwirtschaft. Um nun das Pleißewasser als Betriebswasser für die Kombinate Espenhain und Böhlen verwenden zu können, wird dasselbe in den Stausee Rötha geleitet, wo das Flußwasser noch eine gute biologische Reinigung erfährt. Der 7tägige Mindestaufenthalt des Wassers im Stausee bewirkt — durch chemisch-biologische Vorgänge — die grundlegende Verbesserung der Beschaffenheit des Wassers. Das Stauseewasser findet nicht nur Verwendung für Kühlzwecke, sondern genügt auch den höchsten Ansprüchen, z. B. als Kesselspeisewasser, ferner in der Druckwasserwäsche und für Cyan-Auswaschungen.

Ich möchte nun über die Erfahrungen berichten, die wir in letzter Zeit auf dem Gebiet der Phenolwasserreinigung gemacht haben. Wenn ich dabei insbesondere die Böhlener Verhältnisse heranziehe so deshalb, weil in den letzten Jahren in Böhlen die besten Fortschritte erzielt und das Werk Böhlen das Forschungs- und Entwicklungszentrum für Anlagen der Abwasserreinigung der Braunkohlenchemie in der DDR ist. Zum anderen werden im Kombinat Böhlen eine Vielfalt der typischsten Kohleveredlungsprozesse, wie Braunkohlenschwelung, Sauerstoffdruckvergasung, Winklerwassergaserzeugung, Hydrierung und Destillationen aller Art betrieben, wobei die Böhlener Verhältnisse als brauchbares und passendes Beispiel für eine zweckmäßige Lösung auf diesem Gebiet betrachtet werden können.

Die zu lösende Aufgabe wird dadurch erschwert, daß die Phenolwässer eine sehr unterschiedliche Zusammensetzung haben. Die heterogene Zusammensetzung der Phenolwässer ergibt sich aus den verschiedenen Verarbeitungstechnologien. Gemäß den verschiedenen Veredlungsprozessen, denen die Kohle unterzogen wird, enthalten die Wässer in stark schwankender Konzentration saure, basische und neutrale Bestandteile in Form gelöster Salze, Gase, Kohlenwasserstoffe und übelriechender organischer Stickstoff- und Schwefelverbindungen.

Eine genaue Kenntnis der Abwasserzusammensetzung ist besonders für die Wahl der Aufbereitungsverfahren bestimmend und wo diese Kenntnisse fehlten, gab es meist bittere Enttäuschungen bei der Phenolwasserreinigung. Es ist deshalb wichtig, daß bereits bei der Planung und Projektierung neuer Anlagen diese Kenntnisse vorhanden sind, damit es bei der Inbetriebnahme neuer Werke keine Schwierigkeiten bei der Phenolwasserreinigung gibt. Dies trifft besonders zu für die

a) Auswahl der zu verwendenden Werkstoffe,
b) Größe der Reinigungsanlagen,
c) zu gewinnenden Wertstoffe.

An korrosionsfesten Werkstoffen kranken wir zur Zeit noch am meisten und gerade in Lauchhammer treten an Aggregaten bzw. Apparateteilen, die nicht korrosionsfest sind, immer wieder neue Schwierigkeiten auf. Die Bereitstellung korrosionsfester Werkstoffe für stark fettsaure Abwässer ist *überhaupt die Voraussetzung* für das Funktionieren dieser Reinigungsanlagen.

Eine Übersicht von der Zusammensetzung der Böhlener Phenolwässer zeigt die folgende graphische Darstellung:

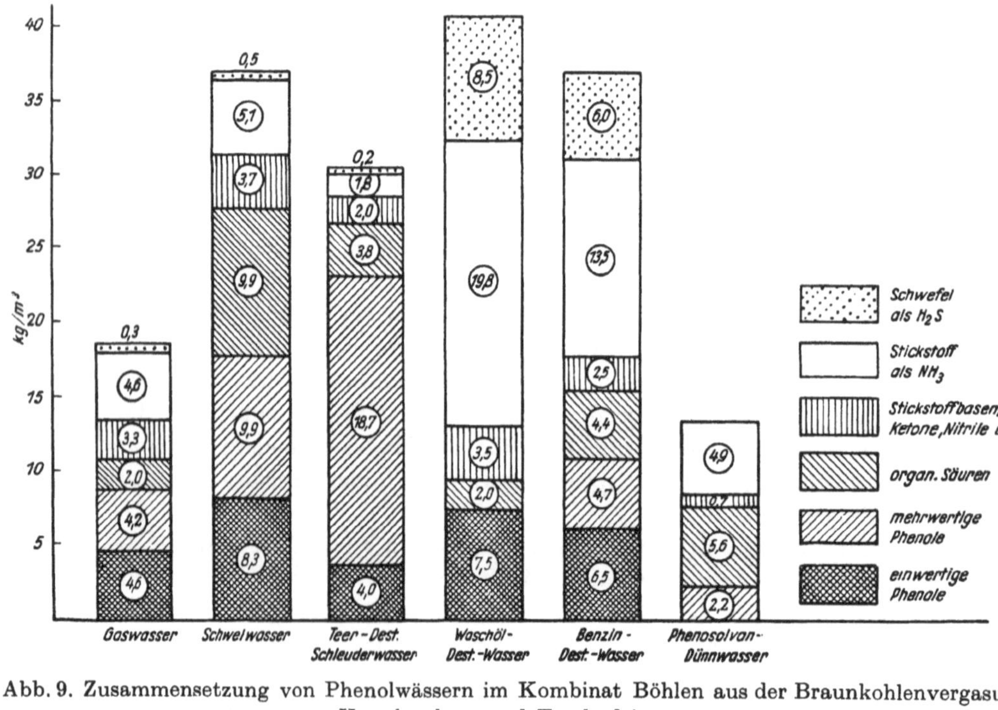

Abb. 9. Zusammensetzung von Phenolwässern im Kombinat Böhlen aus der Braunkohlenvergasung, Verschwelung und Teerhydrierung

Im einzelnen handelt es sich um die Untersuchung folgender Körperklassen:

Einwertige Phenole — Phenol sowie einfach methylierte Phenole, während höher alkylierte Phenole und Phenole mit Methoxygruppen in unserem Abwässern kaum vorkommen.

Mehrwertige Phenole — vorzugsweise Brenzkatechin sowie Iso- und Homobrenzkatechin und die Homologen Resorcin und Hydrochinon.

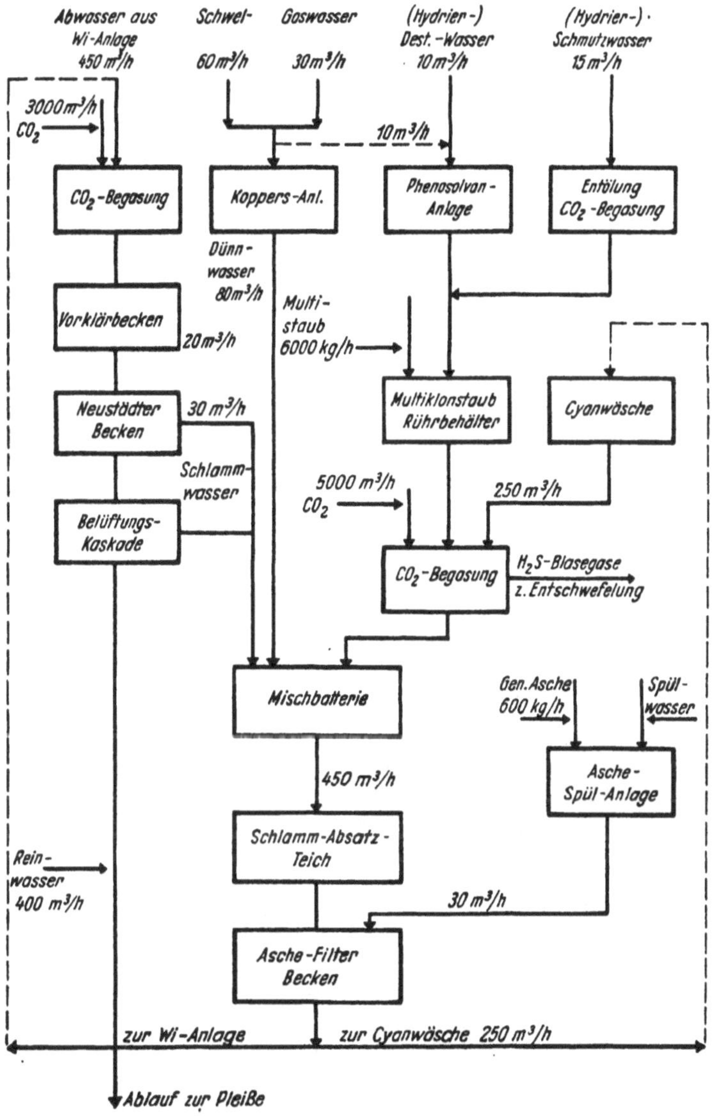

Abb. 10. Phenol- und Schmutzwasseraufbereitung

Organische Säuren mit 2—5 Kohlenstoffatomen mit einem mittleren Molekulargewicht von 80.

Aliphatische Verbindungen — vorzugsweise olefinische Kohlenwasserstoffe deren Löslichkeit in Wasser nur gering ist, jedoch bei gleichzeitigem Vorhandensein von Phenolen gelöst sind, so daß sie als sogenannte Neutralöle — jedoch als unerwünschte Bestandteile — in den Phenolextrakten wieder zu finden sind.

Ferner Nitrile — vorzugsweise Azetonitril, isozyklische aromatische N-Verbindungen Anilin und Homologe, heterozyklische N-Verbindungen Pyridin und Homologe.

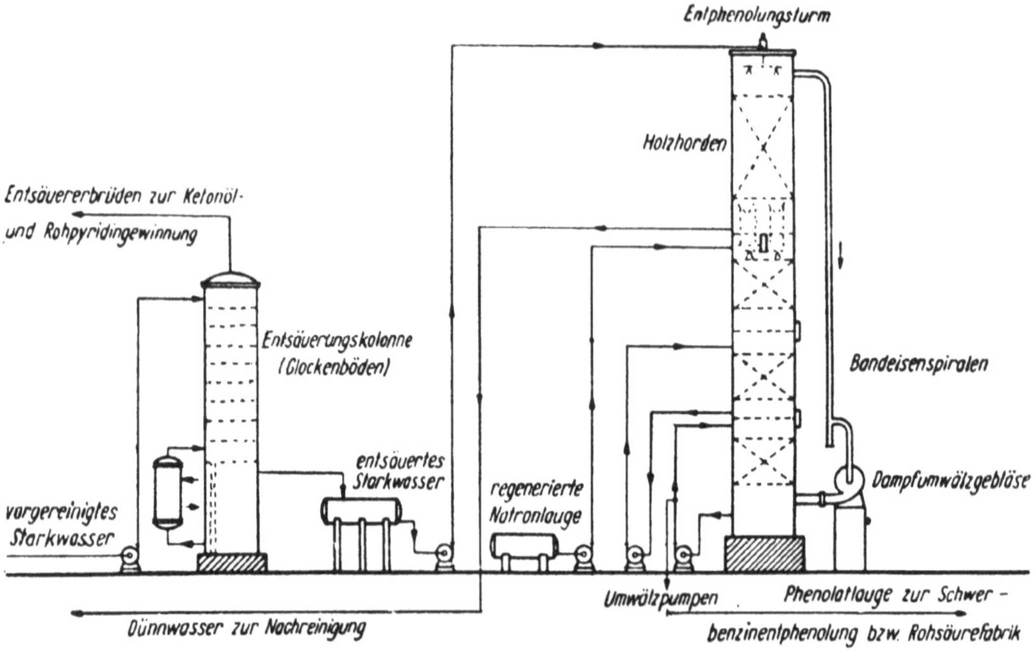

Abb. 11. Schematische Darstellung des Koppers-Dampfumlaufverfahrens

Abb. 12. Koppers-Entphenolung Böhlen

Amine und Stickstoffbasen sind die übelsten Geruchsträger dieser Abwässer. Sie führen schon in Spuren zu weitgehenden Belästigungen. Konzentriert kommen sie neben den Ketonen in den Entsäuererbrüden vor.

Anorganische Verbindungen — H_2S und Ammoniak, einmal gebunden an Kohlensäure, an Schwefelwasserstoff, aber auch im freien Zustand.

Natürlich wird es selten möglich sein, die Phenolwässer auf alle Begleitstoffe im einzelnen zu untersuchen. Man kann schon aus spezifischen Untersuchungen, die eine Summe mehrerer Stoffgruppen umfassen, wie z. B. die Bestimmung des $KMnO_4$-Verbrauchs, des BSB 5-Bedarfs, der organischen Säuren sowie einzelner Phenolgruppen bei genügender Praxis zu einer ausreichenden Beurteilung eines Phenolwassers gelangen.

Abb. 10 zeigt das Fließschema der Phenolwasseraufbereitung im Kombinat Böhlen.

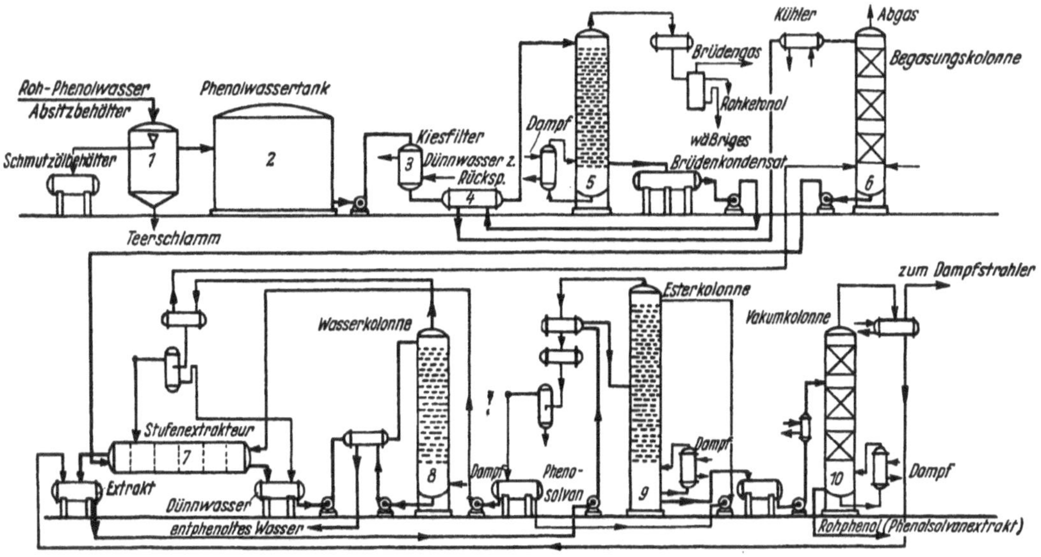

Abb. 13. Schematische Darstellung des Phenosolvanverfahrens

Zum Kombinat Böhlen gehört eine Großschwelerei mit etwa 1300 m³ Schwelwassertagesanfall, ein nach dem Lurgi-Druckgasverfahren arbeitendes Großgaswerk mit 700 m³ Gaswassertagesanfall und eine Hydrierung mit etwa 350 m³ Hydrierwasser-Tagesanfall. Stündlich fallen rund 100 m³ Phenolstarkwässer an.

Zur Gewinnung der Phenole aus den Schwel- und Gaswässern ist eine Koppers-Entphenolungsanlage (Abb. 11 und 12) und für die Hydrierwässer eine Phenosolvananlage (Abb. 13 u. 14) in Betrieb. Die Gewinnung der wertvollen Inhaltsstoffe ist sowohl eine volkswirtschaftliche Notwendigkeit im Hinblick auf ihre weitere Verarbeitung, als auch ein Anreiz für die Entphenolungsbetriebe durch die erzielten Erlöse die finanzielle Belastung zu vermindern.

Abb. 14. Phenosolvananlage Böhlen

Nachreinigung mit Winkler-Staub

Phenosolvan-Dünnwässer und noch an anderen Stellen anfallende phenolhaltige Schmutzwässer werden in Rührwerkswaschern mit etwa 6% Winkler-Gasstaub angemaischt.

Der Winkler-Gasstaub hat infolge seines hohen C-Gehaltes und günstiger Adsorptionsisothermen ein gutes Adsorptionsvermögen für Phenole. Er vermag Abwasserphenole bis zu

10% seines Gewichtes zu binden (Abb. 15 und 16). Bei der Vermischung des Gasstaubes mit den Phenolwässern gehen Sulfide in Lösung. Der H_2S (2 g/l) wird aus dem Schlammwasser mittels CO_2-Gas wieder ausgetrieben. Je m^3 H_2S-Wasser werden zwischen 10—50 m^3 CO_2-Gas benötigt (Abb. 17). Die H_2S-haltigen Abgasen werden mit Alkazidlauge entschwefelt.

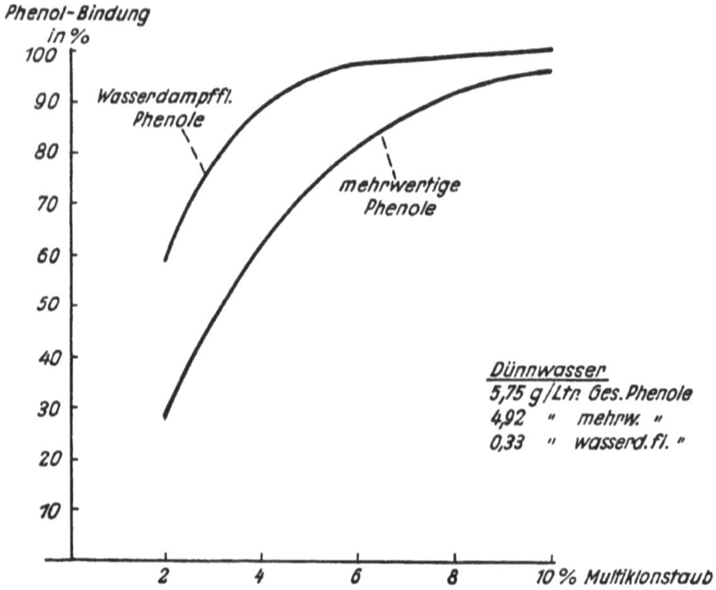

Abb. 15. Einstufige Adsorption von Phenolen

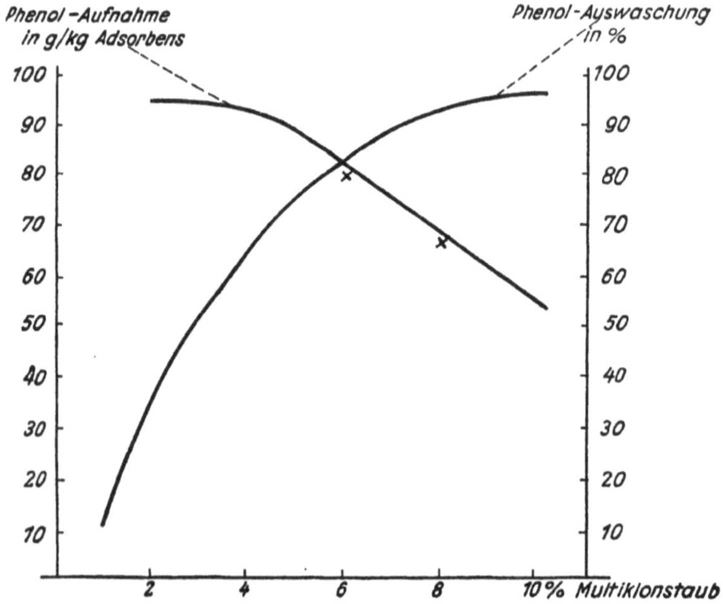

Abb. 16. Beziehung der Phenolauswaschung in Dünnwässern zur Phenoladsorption bei steigenden Mengen Multiklonstaub

Auf diese Weise werden in Böhlen jährlich aus H_2S-Abwässern rund 2000 t elementarer Schwefel von $99{,}95\%$ Reinheit gewonnen. Der Reingewinn für diesen Schwefel deckt die Betriebskosten für die Abwasser-Nachreinigung mit Winkler-Staub.

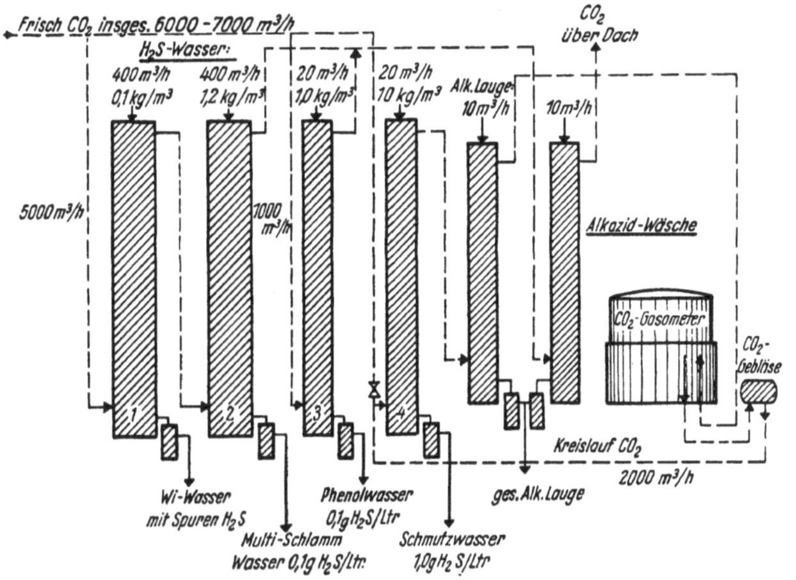

Abb. 17. CO_2-Begasungsanlage zur Austreibung von H_2S aus Abwässern

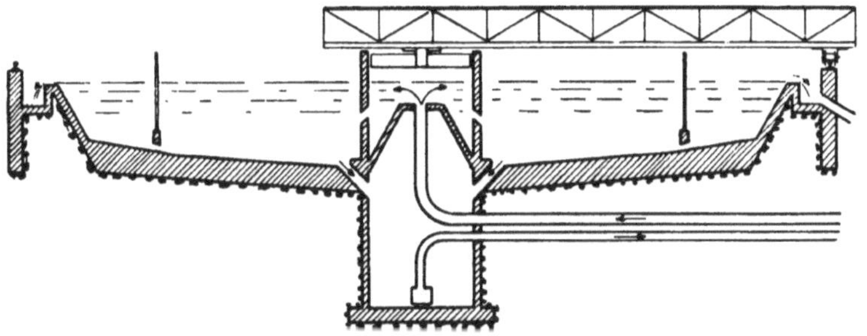

Abb. 18. Schema eines Bamag-Eindickers

Abb. 19. Bamag-Eindicker

Das entgaste Schlammwasser wird Klärteichen zugeführt. Die Phenole sind so fest an den Staub gebunden, daß keine Auswaschung und Auslaugung des phenolhaltigen Schlammes durch Regenwasser stattfindet. Während es bisher noch nicht gelang, die Phenole aus dem Gasstaub zu extrahieren, ist es möglich, den phenolhaltigen Winkler-Staub über Eindick-

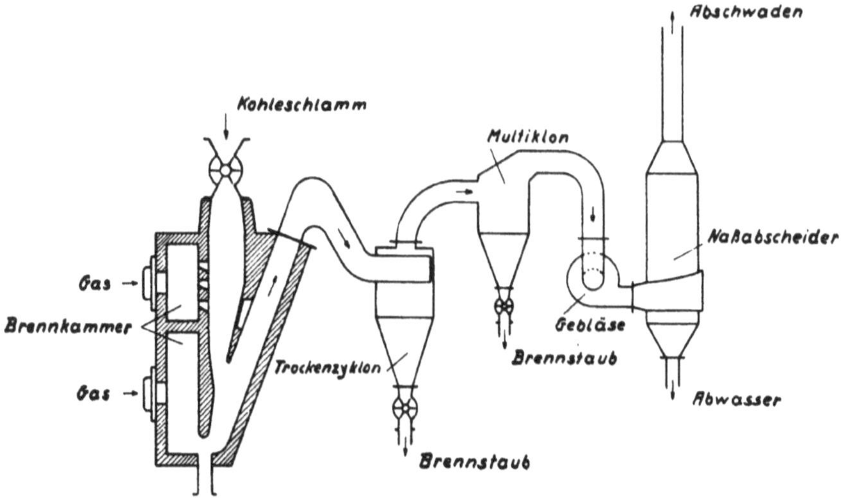

Abb. 20. Schema der Böhlener Schachttrockneranlage

becken (Abb. 18 u. 19), Drehfilter bzw. Siebschleuder und Schachttrockner (Abb. 20) wieder zu gewinnen.

Der bis auf 15% Wasser getrocknete Winkler-Staub kann alsdann in den Kraftwerkskesselhäusern verfeuert werden.

Da die zwei Böhlener Phenolgewinnungs-Anlagen recht gut arbeiten, möchte ich zu den beiden Reinigungsverfahren einige kurze Bemerkungen machen.

Extraktionsverfahren

Die zur Entphenolung von Abwässern zur Wahl stehenden Lösungsmittel müssen als wichtigste Eigenschaft ein gutes Extraktionsvermögen für Phenole besitzen. In Tabelle 3 sind Angaben über die Verteilungskoeffizienten verschiedener Lösungsmittel gegen 2%ige Karbolsäure zusammengestellt.

Tabelle 3. Verteilungskoeffizienten verschiedener Lösungsmittel gegen 2%ige Karbolsäurelösung

	E	t° C
Leichtbenzin	0,2	20
Benzol	2,2	20
Chlorbenzol	2,0	20
Trikresylphosphat	28,0	20
Diäthyläther	17,0	20
Dipropyläther, normal	17,0	20
Butylalkohol	19,0	20
Äthylacetat	36,0	22
Isopropylester	45,0	22
Phenosolvan	49,0	22
Phenosolvan	38,0	60

Danach besitzt Phenosolvan (Butylazetat) das beste Extraktionsvermögen und man kann deshalb auch das Phenosolvan-Verfahren als das zur Zeit wirksamste Entphenolungsverfahren bezeichnen. Bei der Extraktion von Kresolen, Xylenolen und Polyphenolen ergeben sich konstitutionsbedingt auch mit Butylazetat stark abweichende E-Werte, deren Kenntnis für die Abwasser-Entphenolung genauso wichtig ist. Die von uns ermittelten E-Werte sind in Tabelle 4 zusammengestellt.

Tabelle 4. Verteilungskoeffizient E von *n*-Butylacetat gegen 0,8 %ige wäßrige Phenollösungen

Anfangsgehalt 8 g/l	Verteilungskoeffizient $E = \frac{C_L}{C_{H_2O}}$
Phenol	47
o-Kresol	105
m-Kresol	110
p-Kresol	115
1.3.5-Xylenol	275
Brenzkatechin	10,2
Resorcin	8,2
Hydrochinon	4,8
Pyrogallol	3,0
Phloroglucin	1,2

Die enormen Unterschiede der einzelnen Phenole in ihrer Extraktionsfähigkeit sind durch ihre Konstitution bedingt. Am schwersten aus wäßrigen Lösungen zu extrahieren sind die Tri- und Dioxybenzole, die mit ihren drei bzw. zwei Hydroxylgruppen die größte Verwandtschaft zum Wasser besitzen; Phenol mit einer OH-Gruppe haftet bereits wesentlich weniger am Wasser. Mit der Einführung einer Alkylgruppe bei ein- aber auch bei mehrwertigen Phenolen wird die Substanz bereits kohlenwasserstoffähnlicher, d. h. sie haftet wieder weniger am Wasser und läßt sich aus wäßrigen Lösungen leichter mit organischen Lösungsmitteln extrahieren. Die Einführung einer weiteren Alkylgruppe in der Xylenolen läßt die Wasserlöslichkeit weiter zurückgehen und damit den Extraktionskoeffizienten mit diesen Lösungsmitteln weiter ansteigen.

Wir beobachten aber auch, daß mit fallender Verdünnung die Verteilungskoeffizienten zwischen Phenollösung und Lösungsmittel abnehmen.

Ausdampfverfahren

Beim Koppers-Verfahren geht der Austreibung der wasserdampfflüchtigen Phenole eine Vorbehandlung des Phenolwassers, die sogenannte „Entsäuerung" voraus, mit dem Ziel, leichtflüchtige Bestandteile sowie CO_2 und H_2S aus dem Wasser zu entfernen. Dabei fällt Ketonöl folgender Zusammensetzung an.

Tabelle 5. Böhlener Ketonöl

	roh ca. 4—5 t/24^h %	gereinigt 1,5 t/24^h %		roh ca. 4—5 t/24^h %	gereinigt 1,5 t/24^h %
Azeton	28,5	0,8	NH_3	1,8	0,02
Methyläthylketon	20,0	77,0	Schwefel	7,1	0,8
Alkohol	1—2	0,8	Ester }		} 2,9
Azetonitril	9	11,7	Pyridin }	Rest	
H_2O	6—7	5,5	ölige Bestandteile }		} 0,5

Vergleich des Koppers-Verfahren mit dem Phenosolvan-Verfahren

Allgemein gesehen ist das Koppers-Verfahren mit dem Phenosolvan-Verfahren schlecht vergleichbar, da einerseits das Phenosolvan-Verfahren als Wasserreinigungsverfahren bedeutend mehr leistet als das Koppers-Verfahren, es löst beispielsweise etwa 70—80% Polyphenole heraus, und andererseits ist der Phenosolvanextrakt bedeutend schwerer aufarbeitbar als die beim Koppers-Verfahren anfallende Rohsäure.

Das Butylazetat entspricht als Lösungsmittel beim Koppers-Verfahren der im Kreislauf befindlichen Natronlauge. Dieser Kreislauf erstreckt sich jedoch nicht nur über die Koppers-Anlage, sondern auch über die Karbonisierung, Kaustifizierung, Verdampferanlage und Kalkrückbrennung, so daß die Verbrauchswerte sich auf die Rohsäure beziehen müssen. Ein erschwerendes Moment beim Vergleich der beiden Verfahren ist weiterhin die kombinierte Entphenolung von Schwelwasser und Leichtöl in der Koppers-Anlage, wobei die aus dem Leichtöl extrahierten Phenole eine schlechtere Qualität aufweisen als die aus dem Schwelwasser ausgedämpften vorwiegend niedrigen Phenolhomologen. Die Absättigung der Natronlauge mit Phenolen wird normalerweise bis zu 40% getrieben. Diese Phenolatlauge wird im weiteren Verlauf mit Leichtölphenolen bis auf 100% abgesättigt.

Wenn man nur den Entphenolungswirkungsgrad bezogen auf das Phenolwasser betrachtet, schneidet die Koppers-Entphenolung unverdient schlecht ab. Man darf jedoch beim Koppers-Verfahren nicht vergessen, daß die Qualität der gewonnenen Phenole weitaus besser ist als bei den anderen Verfahren und, daß man aus den Entsäuererbrüden heute außer den Ketonen, Azetonitril usw. auch das volkswirtschaftlich äußerst wichtige Rohpyridin nach dem Verfahren von Strohbach gewinnen kann.

Trotzdem muß infolge der ungenügenden Wasserreinigung das Koppers-Entphenolungsverfahren durch das Phenosolvanverfahren verdrängt werden, um so mehr als nach Angabe von Dr. Bemann sich in Leuna ein Verfahren abzeichnet, nach dessen Einführung die Weiterverarbeitung der in Zukunft im erhöhten Maße anfallenden Phenosolvanextrakte keine größeren Schwierigkeiten machen dürfte. Damit wird auch die Frage der Bewertung der Phenolsolvanextrakte eine bessere Lösung als bisher finden.

Über Zusammensetzung und Menge der in Böhlen gewonnenen Phenole unterrichtet folgende Phenolbilanz.

Tabelle 6. Phenolbilanz 1956

	Dimension	Phenosolvananlage	Koppers-Anlage	Leichtöl-Entphenolg.	Phenolgewinnung	%-Anteil
					t	
Leichtöl	jato			72900		
Rohwasser	jato	132000	720000			
Phenolgehalt	kg/m³	18,1	7,6	179,5		
Rohsäure	jato	1900	4300	12500	18700	100
Karbolsäure	%	21,9	50,0	26,7	5800	31,0
Kresole	%	17,3	32,1	41,7	6280	33,5
Xylenole	%	2,5	2,4	18,7	3090	16,5
Rückstand	%	58,3	15,5	12,9	—	—

Die Phenolbilanz führt die Bedeutung der Abwässer als Basis zur Gewinnung kostbarer Rohstoffe sehr deutlich vor Augen. Von Bedeutung auch deshalb, weil Böhlen dem Engpaß „Phenol" jährlich rund 5800 t Karbolsäure zur Verfügung stellt. Das Mengenverhältnis Abwasser- zu Leichtölphenolen liegt bei etwa 1 zu 2. Wertvoller sind jedoch die Abwasserphenole. Bei der Extraktion der Leichtöle ist es bisher noch nicht gelungen, die unerwünschten

Xylenole selektiv zu trennen bzw. die Leichtöle destillativ besser herauszuschneiden. Auch die Entmethylierung von Xylenolen ist großtechnisch noch nicht gelungen.

Bei der Frage nach dem Bedarf der gewonnenen Phenole steht eindeutig die Karbolsäure an der Spitze. Bei den Kresolen tritt bereits eine deutliche Unterteilung auf. Während m- und p-Kresol entsprechender Reinheit sehr gefragt sind, ist bezüglich des o-Kresols der Markt anscheinend gesättigt. Xylenole sind in den Abwässern kaum vorhanden. Für Polyphenole — besonders Brenzkatechin — interessiert sich die chemische Industrie zur Herstellung von Vanillin und Gerbstoffen.

Der Böhlener Phenosolvanextrakt enthält etwa 40—42% Monophenole und etwa 40 bis 50% Polyphenole. Der Extrakt wird zur Zeit in Leuna den Kohlekammern zugeführt und die Phenole bzw. neugebildete Phenole aus entsprechenden Benzin- und Mittelölfraktionen mit Natronlauge extrahiert. Der hohe Anteil an Polyphenolen ist als Wasserstoff-Fresser in der Hydrierung nicht geschätzt. In einer Forschungsarbeit, deren Ziel die Gewinnung von Brenzkatechin bzw. die Gewinnung von Brenzöl (Diphen) war, wurde als Ergebnis festgestellt, daß es möglich ist, den Böhlener Phenosolvanextrakt zu zerlegen und etwa 600 jato Polyphenole zu gewinnen. Die Arbeit zeigt Wege auf, wie aus den bisher wenig geschätzten Polyphenolen recht wertvolle Stoffe gemacht werden können. Für die Isolierung dieser Produkte sind keine besonders hohen Kosten aufzuwenden. Das technische Projekt schließt mit 355000 DM ab. Die Anlage amortisiert sich in 10 Monaten, weil Brenzöl (Diphen) zur Zeit für 800 DM/t aus dem Ausland bezogen wird.

Zum Schluß möchte ich noch einiges von den Arbeiten, die in den Böhlener halbtechnischen Versuchsanlagen durchgeführt wurden, berichten.

WEV-Adsorptionsverfahren (Wofatit-Verfahren)

Das Verfahren von Schulz wurde in Böhlen in einer halbtechnischen Versuchsanlage von der IZ mit viel Mühe und großem Aufwand erprobt. Die Ergebnisse entsprechen leider nicht den Erwartungen, weil die Aktivität des Wofatits schon nach kurzer Zeit merklich nachläßt und ein guter Wasserreinigungseffekt auch mit der verbesserten Anlage sehr teuer erkauft werden müßte.

Abb. 21. WEV-Versuchsanlage

Das WEV-Verfahren ist auch deshalb nicht mehr diskutabel, weil in Böhlen von der chemischen Forschung, Gruppe Dr. Grunewald in Zusammenarbeit mit Prof. Leibnitz und IZ, ein Verfahren im letzten Jahr entwickelt wurde, welches im Hinblick auf die Gesamtlösung des Phenolwasserproblems sehr erfolgversprechend erscheint. Es handelt sich um die

Alkalische Eindampfung

Über die Ergebnisse der bisherigen Forschungsarbeit berichtete vor kurzem Dr. Grunewald im Phenolausschuß. Die Versuchsanlage (Leistung 1 m^3/h) ging Anfang 1956 in Betrieb. Sie besteht aus einer Drei-Stufen-Vakuum-Verdampferanlage mit nachgeschaltetem Schlußverdampfer und NH_3-Austreiber für das Gesamtkondensat. Von den ursprünglich beabsichtigten Alkalizusatz zum Phenolwasser wurde abgegangen. Statt dessen wird der aus dem Kondensat abgetriebene NH_3 zur ersten Stufe zurückgeführt, um die Fettsäuren zu binden und Korrosionen zu vermeiden. Die Brüden enthalten nahezu alle einwertigen Phenole und werden mit $15\,^0/_0$iger Natronlauge gewaschen. Diese Waschlaugen können in den Leichtöllaugereien weiter verwendet werden. Der Dampfverbrauch des Verfahrens soll bei etwa 0,5 t/m^3 Phenolwasser liegen. Eindampfkosten für eine 10 m^3-Anlage werden auf etwa 4 DM/m^3 geschätzt.

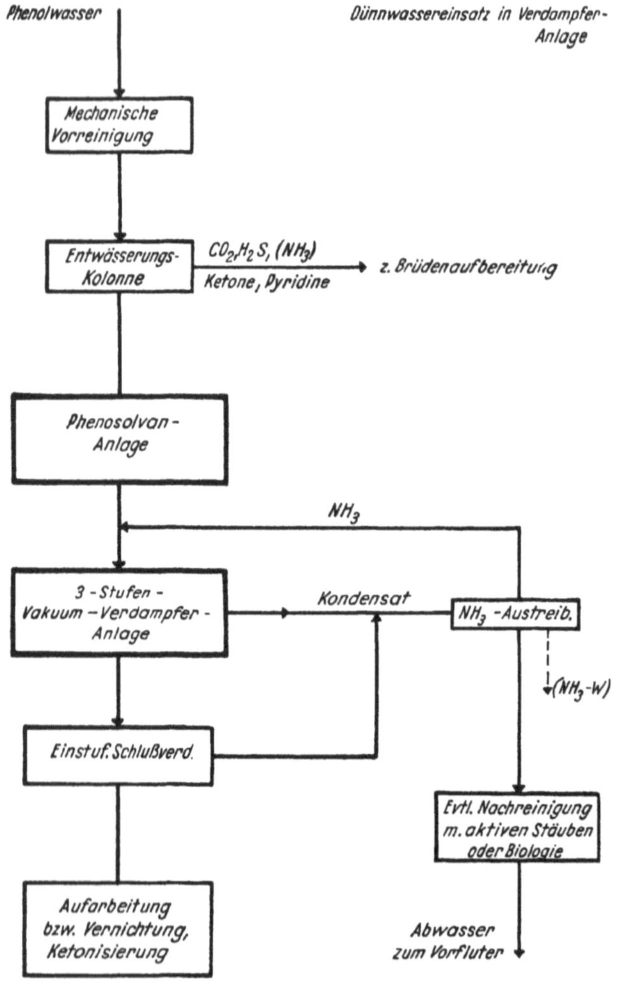

Abb. 22. Dünnwassereindampfung

Die IZ Böhlen hat auf Grund der guten Forschungsergebnisse 10 m^3-Verdampferanlagen projektiert, die in Lauchhammer und in Profen zur Starkwassereindampfung zur Aufstellung kommen sollen. Speziell in der Anlage Lauchhammer sollen auch Probleme geklärt werden, die für die zukünftige Projektierung „Schwarze Pumpe" von Bedeutung sind, dabei sind die Vorschläge von Dipl.-Ing. Schädlich und Dr. Junge zu berücksichtigen, die eine fraktionierte Kondensation des Gaswassers vorsehen und wo in der ersten Kühlergruppe $20\,^0/_0$ des Gaswassers, mit Fettsäuren und Polyphenolen angereichert, kondensieren soll. Dieses Wasser wäre für die Eindampfung geeignet. Das Wasser der zweiten Stufe kann einer Phenosolvananlage zugeführt werden, ohne daß der Betrieb der Anlage durch zu hohen Fettsäuregehalt gestört wird.

Im folgenden Schema ist eine der Varianten gezeigt (nach IZ Böhlen), wie sie einmal für Dünnwassereindampfungen in Frage kommt.

Ich habe versucht, aus der Fülle der Abwasserprobleme, die für die großtechnische Anwendung in Frage kommenden Entphenolungs- und Nachreinigungsverfahren zu charakterisieren und über neuere Entwicklungsarbeit auf diesem Gebiet zu berichten. Die Ergebnisse der letzten Jahre führten noch zu keiner Patentlösung. Wer darauf wartet, wird immer wieder enttäuscht. Trotzdem besteht kein Grund zum resignieren. Als Verantwortlicher für die Abwasserwirtschaft eines großen Kombinates sehe ich die Aufgabe darin, jeweils die besten Verfahren und Möglichkeiten der Abwasserreinigung auszuschöpfen und richtig anzuwenden. Auf diesem Weg befindet sich heute, dank der gemeinsamen und guten Arbeit von Fachleuten aus den verschiedenen wissenschaftlichen Instituten, Regierungsstellen und Betrieben, die Abwasserwirtschaft der kohleveredelnden Industrie in der DDR und ich glaube, der Tag ist nicht mehr fern, wo all die eingeleiteten Maßnahmen endlich Früchte tragen und wo wir in Leipzig nicht mehr verschämt auf die Pleiße zu schauen brauchen.